AF465648

EXAMEN DU COMMUNISME,

DÉDIÉ

AUX CULTIVATEURS ET AUX OUVRIERS,

PAR

M. LE BESCHU DE CHAMPSAVIN,

CONSEILLER A LA COUR D'APPEL,

ET VICE-PRÉSIDENT DE LA SOCIÉTÉ DES BONS LIVRES.

AUX CULTIVATEURS

ET AUX OUVRIERS.

Le 15 mai 1848, une multitude innombrable fut entraînée au palais de l'Assemblée constituante; on lui avait persuadé qu'il ne s'agissait que de présenter une pétition en faveur de la Pologne.... Dès leur arrivée, les meneurs envahirent l'Assemblée.... Sa dignité fut souillée. Comme elle tardait à obéir aux injonctions criminelles qui lui étaient faites, quelques misérables terrassèrent son Président et prononcèrent la dissolution de l'Assemblée que le suffrage universel de la France avait élue... A l'instant, ces grands coupables coururent à l'hôtel de ville de Paris pour y installer un gouvernement de terreur et d'anarchie.... Surprise par tant d'audace, la multitude resta froide et ne donna pas son appui.... Les conspirateurs furent promptement dispersés et livrés aux tribunaux.

Le 24 juin, 40 jours après, la même multitude est encore abusée : ce sont bien les mêmes hommes qu'au 15 mai; mais telle est la force des séductions et des entraînements! on ne se borne plus à émettre un sentiment de bienveillance pour un ancien allié; on proclame hautement des maximes dont le triomphe nous ramènerait à l'état sauvage.... Le masque est jeté.... Des barricades s'élèvent de toutes parts... Derrière elles sont des forcenés qui combattent avec rage... Pendant 4 jours le sang ruisselle dans Paris...

L'Archevêque de Paris s'était rendu aux barricades, portant à la main l'olivier de la paix... ils l'ont assassiné !...

Le brave général De Bréa avait consenti à s'éloigner de ses régiments fidèles et dévoués; il avait remis son épée dans le fourreau... Il se laisse entraîner au centre des barricades par l'espérance de faire écouter ses paroles de conciliation... Mais quand ses soldats l'ont perdu de vue et ne peuvent plus le défendre ni le venger,.. les lâches qui lui ont tendu le piège, l'assassinent ainsi que son aide-de-camp.

Sicaires de l'anarchie, ce sang généreux a rejailli sur vous tous... Dans toutes les armées, dans tous les partis, il

1850

s'est rencontré des assassins et des pillards; mais des rangs où ils s'étaient placés partait un cri de malédiction contre les misérables qui déshonoraient la cause commune. Dans la crainte d'être confondus avec eux, leurs compagnons en faisaient justice eux-mêmes, ou ils les livraient à l'autorité. Eh! bien! On n'a pu découvrir l'assassin de l'Archevêque. Direz-vous qu'il vous est inconnu?... Il a frappé au grand soleil! au milieu d'une barricade!.. A qui ferez-vous accroire que vous ne l'avez pas vu?... Vous le protégez donc; mais protéger, c'est approuver...

On a découvert malgré vous, les assassins du général De Bréa.... Quand ils ont été conduits au supplice, vous avez cherché à les défendre, et aujourd'hui dans vos paroles de vengeance, vous dévouez leurs juges à la mort...

Tant que vous n'aurez pas livré à la justice l'assassin de l'Archevêque; tant que vous n'applaudirez pas à l'arrêt rendu contre les monstres qui ont frappé le général De Bréa, j'aurai le droit de dire que vous vous êtes associés à ces forfaits.

Mais le sang des justes est monté jusqu'au ciel... Les crimes des révoltés ont été si nombreux et si atroces, qu'ils ont ouvert les yeux de tous ceux qui n'étaient qu'abusés... A l'assassinat du saint Archevêque, un cri d'horreur s'est élevé dans tout Paris. Toutes les poitrines de nos soldats se sont gonflées d'indignation en apprenant l'attentat commis sur l'un de leurs dignes chefs... La garde nationale et l'armée ont sauvé la civilisation.

Depuis ce moment, ces grands coupables ont été abandonnés... A toutes les tentatives de désordre qu'ils ont faites depuis juin 1848, la population a été sourde à leur appel, parce qu'elle était détrompée... L'armée et la garde nationale ont opposé une fidélité inébranlable... Les chefs de révolte ont été réduits à la fuite et à la honte.

Quand les anarchistes ont vu qu'ils ne pouvaient plus entraîner le peuple de Paris dans les barricades, ils ont décidé de tourner tous leurs efforts vers les départements et surtout vers les campagnes.

Comme ils sont parvenus à tromper un moment le peuple de la capitale, ils se croyent bien certains de réussir, également auprès des esprits simples, et souvent trop crédules de nos pays. C'est donc vers vous qu'ils vont diriger leurs écrits et leurs caresses. Ils vous flattent ; ils vantent votre intelligence, votre patriotisme, vos vertus... Ils ne vous ont pas toujours traités si bien ; écoutez un moment : un de leurs grands maîtres M. Fourier écrivait le temps passé :

» J'espère qu'une douzaine d'années suffira pour changer en hommes ces *automates* (1) vivants qu'on nomme « *paysans*, et qui, dans leur extrême grossièreté, touchent « de plus près à la *bête* qu'à l'espèce humaine »

Il y a deux ans, ils vous firent attribuer le suffrage universel, bien persuadés que vous suivriez la direction qu'ils vous donneraient ; mais quand ils ont vu que vous n'aviez point envoyé à l'Assemblée nationale les représentants destructeurs sur lesquels ils comptaient, ils vous ont adressé, dans leur colère, les plus grossiers outrages. Voici quelques lignes que j'extrais des écrits publiés par leurs chefs les plus fameux :

»... Nos paysans sont des animaux stupides... Ils sont « aussi brutes que leurs bestiaux... (M. Cabet—Voyage en Icarie.)

»... Il n'y a rien à attendre de la génération présente de « nos paysans... Race ignorante, égoïste, âpre au gain, « et impitoyable au malheur, elle tient à son bétail plus qu'à « sa famille ; elle porte plus sincèrement au fond du cœur « le deuil d'un bœuf mort, que le deuil de son vieux père.. « Etre stupide et grossier qui n'a de la créature humaine « que la forme extérieure et le langage. » (M. Vidal, élu ces jours derniers à Paris.)

Aujourd'hui on a bien changé de style ; on se fait le courtisan de ceux qu'on appelait hier *animaux stupides*.

Ils vous disent qu'ils sont vos seuls amis, qu'il n'y a qu'eux qui sachent compatir à vos misères ; que si vous voulez leur obéir, ils vous rendront tous aussi riches et aussi heureux que vos propriétaires et vos patrons... Nous allons voir bientôt qu'ils nous proposent de détruire Dieu même : mais il faut être juste, ils n'en sont pas encore venus à vous annoncer qu'une fois que vous l'aurez chas-

(1) Automate veut dire une statue ou machine qui va par des ressorts; comme les pantins, les poupées et autres jouets qu'on donne anx enfants.

sé, vous serez aussi puissants que lui; mais cela viendra peut-être. En effet, ils promettent *qu'il n'y aura plus que des riches*;... il faut avoir la puissance de Dieu pour remplir cet engagement.

S'ils avaient commencé par annoncer à la population de Paris qu'ils iraient jusqu'à assassiner l'Archevêque, le général De Bréa et tant d'autres, ils n'auraient entraîné personne.... S'ils venaient aussi vous dire qu'ils iront jusqu'à massacrer tous les prêtres, tous les propriétaires, tous les patrons, ils vous feraient reculer d'horreur; ils le savent bien.... Aussi prennent-ils une langue dorée.... Ils viennent vous *apporter la concorde et le bonheur*.

Ils disent aux uns que les *communistes* ne veulent que mettre en pratique la fraternité de l'évangile; que les apôtres qui l'ont prêché vivaient en commun, et qu'ils veulent suivre leur exemple; qu'aujourd'hui les prêtres ne comprennent pas toute l'étendue de cette fraternité, mais qu'il est survenu des hommes qui rendront à l'évangile toute sa pureté... Ils disent à d'autres que par *socialistes* il faut entendre des ouvriers qui veulent se réunir pour travailler *en société* et pour se soustraire ainsi à l'intervention du maître entre le consommateur et eux; que par conséquent tous ceux qui s'opposent au socialisme sont des ennemis du peuple, qui veulent continuer l'exploitation de l'homme par l'homme... et tant d'autres discours qu'il serait impossible de reproduire dans cet écrit!...

Nous sommes nés au milieu de vous, et nous y avons passé notre vie; il y a longtemps que nos familles sont à côté des vôtres... Vous avez connu nos pères, comme vous nous connaissez... Nous sommes certains que vous nous accorderez plus de confiance qu'à ces apôtres d'une nouvelle espèce... Quand les colporteurs et les émissaires envoyés par eux entrent dans vos maisons, vous avez bien soin d'avoir l'œil où ils ont la main, car vous craignez justement pour vos propriétés... Lorsque nous nous présentons chez vous, vous nous faites meilleure réception... Tout ce que nous vous demandons pour nos écrits, c'est de ne pas leur accorder moins de faveur qu'à ceux des communistes.

Nous nous disons aussi vos amis... Nous pensons que le devoir d'un ami est de donner de bons conseils, et surtout d'avertir du danger. Nous voulons donc vous empêcher d'être dupes de ces grands imposteurs.

Nous voulons vous démontrer qu'il n'y a pas une seule de leurs paroles qui ne soit hypocrisie et mensonge; par exemple, ceux qui veulent rendre à l'évangile sa pureté ne croient pas en Dieu, et nient son existence... Ces ouvriers qui ne veulent s'associer que pour travailler davantage et s'affranchir de l'intervention des maîtres, sont des fainéants qui vivent dans la débauche et veulent se livrer à leurs honteux plaisirs aux dépens des autres, c'est-à-dire en venant prendre part à ce que les autres gagnent, et en pillant si on leur résiste. Dans la vérité, ils n'ont qu'un but : exciter votre haîne contre les propriétaires en vous parlant de leur fraternité, et contre les maîtres ou patrons, en vous entretenant d'associations impossibles pour la plupart.... Une fois qu'ils vous auront entraînés sur leurs pas, ils vous feront avancer peu à peu, et vous serez les instruments dont ils se serviront pour arriver à leur but infernal.

Vous nous répondrez peut-être : « Mais croyez-vous que » nous les écoutions?... Ce sont nos fils qui les ont écrasés » sur leurs barricades... L'armée n'a pas eu un seul soldat » qui ait trahi dans ces grandes journées... Nous ne serons » ni plus criminels, ni plus crédules que nos enfants. »

Oui, nous avons confiance dans votre honnêteté et dans votre jugement; mais ils ont bien des ruses, et ils ont trompé bien du monde... Dans ce peuple qui a versé son sang pour eux sur les barricades, il y avait bien des gens abusés... Enfin, quand nous n'empêcherions qu'un seul homme de devenir criminel, nous ne regretterions pas nos efforts.

Si vous voyiez un aveugle inconnu près de tomber dans un puits, vous iriez bien vîte le prendre par la main pour le remettre dans son chemin; autrement vous vous reprocheriez sa mort... Pères et mères, ce ne sont pas des aveugles inconnus qu'il s'agit de protéger : ce sont vos fils et vos filles qu'il faut défendre, car on veut les corrompre... Dans leur bas âge, vos enfants ne reçoivent que de bons préceptes, et cependant combien d'entre eux les oublient plus tard, et font la désolation de votre vieillesse!... Que sera-ce, si, pendant que vous leur enseignez la vertu, d'autres viennent leur souffler tous les vices et tous les crimes?

En nous accordant des enfants, Dieu nous impose le devoir de les former au bien... Aidez-nous donc! ne manquez pas de nous faire parvenir les mauvais écrits qu'on vous adresse, et de nous informer des mauvais bruits qu'on répand dans vos campagnes... Les réponses ne se feront pas attendre... Vous verrez de quel côté est la vérité.

Il se présente sur les foires et marchés des charlatans qui vous appellent de loin par le tambour et la trompette. Ils vous disent que vos médecins ne savent point vous guérir... Ils vous montrent des onguents et des baumes dont les effets sont merveilleux.... A entendre leurs discours, nous serions délivrés des maladies et de la mort... Mais que votre enfant tombe malade, vous vous gardez bien d'aller chercher le charlatan... C'est que vous les connaissez depuis longtemps... Ils ont d'abord attrapé bien des gens, mais on sait maintenant la valeur de leurs remèdes et de leurs conseils. Aussi vous n'écoutez plus leurs beaux discours que pour en rire, et quand vous avez un malade, vous appelez le médecin qui n'est point arrivé dans votre pays avec des tambours et des trompettes, mais qui a gagné la confiance générale par l'exercice de son art.

Quand vous aurez connu les marchands de communisme et de socialisme, vous ne ferez pas plus d'attention à leurs promesses qu'à celles des marchands d'orviétan. Vous resterez bien convaincus qu'ils n'en veulent qu'à votre argent.

Voici ce qu'écrivait dernièrement dans son diocèse le doyen de l'épiscopat de France, monseigneur De la Tour-D'Auvergne, évêque d'Arras :

« Défiez-vous avec le plus grand soin de ces conseils » qu'une ambition privée vous présente comme devant garantir votre bonheur. Vous voyez maintenant si ceux qui » vous ont dit travailler pour le peuple, n'ont point uniquement travaillé pour eux seuls.

» Plus vieux que vous, j'ai été témoin de toutes les révolutions depuis 1787 : eh bien! je n'en ai encore vu » aucune où leurs artisans aient agi pour d'autres intérêts » que pour les leurs. »

EXAMEN

DU COMMUNISME OU SOCIALISME.

Quand il s'agit d'établir les fondements de la nouvelle société, les grands maîtres du communisme et du socialisme ne sont pas d'accord; si la discussion devient vive et donne la crainte d'une division, les amis s'interposent, et on convient de renvoyer le sujet aux *questions réservées*, c'est-à-dire qui ne seront tranchées qu'après la victoire. Ainsi, M. Pierre Leroux dit que Dieu existe, M. Proudhon soutient qu'il n'existe pas... L'existence de Dieu est apparemment une *question réservée*... Mais ils s'entendent parfaitement pour détruire, parce que c'est leur but commun. Ce qui le prouve, c'est l'exemple que je viens de citer... Peut-il y avoir sur la terre deux hommes plus opposés que celui qui croit en Dieu et celui qui le nie... Eh bien! dans les élections, dans l'assemblée, derrière les barricades, les disciples de M. Pierre Leroux et ceux de M. Proudhon ne font qu'un... La petite guerre qu'ils se font dans leurs livres pourrait bien n'être qu'une ruse... Ceux qui combattent ensemble confondent leurs doctrines et leurs volontés.

Une vieille maison est habitée par des associés nombreux qui veulent tous la rebâtir, mais ils ne peuvent s'entendre sur un plan... Dans la crainte que leur désaccord ne fasse conserver l'édifice où ils s'ennuient, ils disent tous : « Commençons par démolir... le plan est *réservé*; nous nous » déciderons alors....» Qu'arrive-t-il? La démolition n'a rien éclairci, n'a rien concilié... La maison reste par terre... Le public rit; et comme tous les associés ont trouvé un autre asile, le malheur n'est pas bien grand...

Mais les communistes et les socialistes veulent abattre la maison qui est notre asile à tous... Ils se déchireraient le lendemain de la victoire à qui serait le maître... Mais pour nous, où chercher un asile qui nous abritât pendant cette furieuse tempête?

Avant de vous faire toucher du doigt le but qu'ils veulent atteindre et les manœuvres qu'ils emploient, il est indispensable d'arracher le masque qu'ils portent et de vous exposer les maximes qui sont communiquées par les grands maîtres à leurs sectaires. Je n'avancerai rien de moi-même. Je présente pour témoins les livres qu'ils ont imprimés; on ne peut pas faire une preuve plus évidente. Vous verrez si le langage des maîtres à leurs disciples ressemble à celui que leurs émissaires viennent vous apporter au fond de nos provinces.

Les premiers sont les Saint-Simoniens... Ils se disent surtout *les protecteurs de la femme libre*, c'est-à-dire qu'ils appellent tout son sexe à la licence et à la prostitution.

Après eux et auprès d'eux sont venus se placer *les Communistes*, ainsi nommés parce qu'ils veulent que tout soit commun... les femmes, les enfants et les biens.

Viennent ensuite *les Socialistes* ou *Phalanstériens;* ils veulent aussi cette communauté; mais ils divisent la nation en *sociétés* ou *phalanstères*, d'où ils ont pris leurs noms... Le phalanstère est une sorte de grande caserne entourée d'un vaste domaine... Les deux sexes y vivent confondus, travaillant ensemble, élevant en commun les enfants, et désignant par l'élection ceux qui seront les dépositaires de l'autorité que, dans nos croyances, Dieu a donnée au père et à la mère sur leurs enfants... Les apôtres de cette secte disent qu'ils ont trouvé le secret d'établir plus de paix entre les hommes... Mais au bout de quelques années, les phalanstères formeraient autant de petits états ayant des intérêts opposés... La guerre éclaterait chaque jour... Nous reviendrions à ces petites peuplades qui ont arrêté pendant tant de siècles le développement de la population et de la civilisation... Découverte bien pacifique en vérité!..

Que nous importent les noms de toutes ces sectes?... Elles ont un but commun qu'elles avouent toutes... C'est la destruction de la société actuelle : mais comme la société n'est que la réunion et l'image des familles, et que, tant qu'il y aura des familles, elles s'associeront toujours pour se défendre et se conserver, les démolisseurs ont fort bien compris qu'il fallait commencer par anéantir la famille.

Or, la famille se forme par le mariage...

Et se conserve par la propriété...

Il fallait donc abolir le mariage et la propriété. — Ils n'ont pas reculé devant ces conséquences, ils ont proclamé comme maxime fondamentale :

» Communauté des femmes et des enfants, et de tous les « biens meubles et immeubles. »

Une première difficulté se rencontrait tout d'abord : la sainteté du mariage, et la chasteté... Les devoirs des époux, des pères et mères, et des enfants sont clairement réglés par les lois divines : elles défendent également de prendre le bien d'autrui et même de le convoiter.

Il était donc impossible de dissoudre les mariages et de dépouiller les propriétaires sans violer de la manière la plus audacieuse les lois de Dieu... Il n'y avait ouverture ni à l'interprétation, ni à la discussion, car la loi est manifeste... Il n'y avait plus qu'un moyen : détruire Dieu lui-même :

J'ai donc à prouver qu'ils veulent anéantir Dieu et la religion ;... la famille ;... la propriété. Ce sera l'objet de trois chapîtres.

CHAPITRE Ier.

Dieu et la Religion.

Nous lisons dans les livres du plus logicien et du plus conséquent de leurs maîtres, de M. Proudhon :

» Dieu !... Je ne connais point de Dieu... Commencez « par rayer ce mot de vos discours, si vous voulez que je « vous écoute ; 5,000 ans d'expérience me l'ont appris, « quiconque me parle de Dieu, en veut à ma liberté ou à « ma bourse. »

Oui ! à votre bourse, car il vous dit de donner à vos frères indigents...

Et ailleurs : » Le premier devoir de l'homme intelligent « et libre est de chasser incessamment l'idée de Dieu de son « esprit et de sa conscience... Nous arrivons à la science « malgré lui... au bien malgré lui, à la société malgré lui... « Chacun de nos progrès est une victoire dans laquelle nous « écrasons la divinité... Esprit menteur ! Dieu imbécile ! Ton « règne est fini, cherche parmi les bêtes d'autres victimes...

» Et maintenant te voilà détrôné et brisé... Ton nom « si long-temps le dernier mot du savant, la sanction du « juge, la force du prince, l'espoir du pauvre, le refuge « du coupable repentant... Eh ! bien ! Ce nom incommu- « nicable, désormais voué au mépris et à l'anathème sera

« sifflé parmi les hommes ; car Dieu! c'est sottise et lâcheté!... Dieu! c'est tyrannie et misère!... Dieu! c'est le « mal... Dieu! retire-toi, car dès aujourd'hui, guéri de ta « crainte et devenu sage, je jure, la main étendue vers le « ciel, que tu n'es que le bourreau de ma raison, le spectre « de ma conscience.

Dieu! c'est tyrannie et misère!... Dieu c'est le mal !...

Quel est le sens de ce blasphème?... tyrannie et mal... C'est l'opposé de la liberté et du bien. Quels sont donc pour vous, M. Proudhon, la liberté et le bien ?... Oh! vous le dites clairement !... C'est la satisfaction de tous vos désirs effrénés... La tyrannie et le mal sont l'obligation qui vous est imposée de vivre dans la retenue et dans la justice... Ce qui vous est insupportable, c'est le frein que Dieu et la religion mettent à nos passions. Aussi dites-vous que le *premier devoir* du sage est de chasser Dieu de sa conscience!.. Ici encore, autant de contradictions que de mots : vous niez *Dieu*, et vous parlez de *devoir* et de *conscience!...* Mais quand Dieu n'existe plus, comment pouvez-vous imaginer que le devoir et la conscience existent encore. Dieu, devoir et conscience ne sont-ils pas corrélatifs.

Vous jurez ensuite, *la main étendue vers le ciel* : mais si le ciel est vide, comme vous le dites, quelle est la garantie de votre serment? C'est une énorme contradiction pour celui qui nie l'existence de Dieu.

Et encore : » Dieu, *s'il existe*, est essentiellement hos-« tile à notre nature, et nous ne relevons aucunement de « son autorité. »

Pourquoi cette réserve ou ce doute : *s'il existe*. Ah! M. Proudhon! Si vous aviez pensé que Dieu pût exister, vous auriez reculé d'épouvante devant les atroces blasphèmes que vous venez de proférer...

Au surplus, *s'il existe* n'est pas exact : c'est *s'il a existé* qu'il faut dire; car après 5,000 ans de règne vous l'avez *détrôné*, *brisé*, et ensuite *sifflé*, ce qui n'est pas généreux. Or, vous ne voudriez pas avoir aboli Dieu pour vous seul, et l'avoir conservé pour le reste du genre humain, car vous tomberiez dans le privilège... Vous avez destitué Dieu, c'est bien positif; mais pour destituer quelqu'un, il faut être plus puissant que lui, c'est incontestable... Vous êtes donc plus puissant que Dieu... Et vous êtes trop modeste quand vous dites ailleurs : *Que l'homme est l'éternel rival de Dieu,* ou bien vous ne parliez pas pour vous. Dieu ne peut prétendre à être votre rival... Vous vous êtes fait à vous-même votre intelligence et votre corps. Pour votre esprit, on n'y peut rien changer, vous devez être satisfait de votre ouvrage ;... mais pour votre corps, vous n'aurez pas manqué de le rendre immortel et exempt des maladies et de la mort. Eh bien! malgré votre supériorité sur Dieu, je m'attends qu'on vous verra souffrir et mourir comme nous qui croyons relever de son autorité, et qui regarderions comme un crime d'orgueil d'accepter le titre de *l'éternel rival de Dieu.*

Pour compléter son programme, ce grand apôtre du communisme ajoute : » nous acceptons le duel à mort avec les « doctrines et les formes religieuses de la vieille société... » nous l'acceptons...

»... Oui! ces paroles sont vraies : qui n'est pas pour « nous est contre nous. Tout catholique est l'ennemi de la « démocratie, de la république, de la philosophie ; l'enne- « mi du progrès dans la société, dans la politique et surtout « dans la science. Oui! c'est un duel à mort, et nous n'ad- « mettons pas les alliances timides, les convictions dou- « teuses. »

....» Qu'avez-vous fait de Pie IX? Vous en avez fait un » hypocrite, un traître; bientôt vous en aurez fait un » bourreau. Oui, le front du *dernier pape* recevra du ca- » tholicisme le stigmate d'infamie.

» C'est une guerre à mort entre le socialisme et le ca- » tholicisme.... Le catholicisme est destiné à périr, parce » que sa doctrine est celle de l'exploitation de l'homme » par l'homme, exploitation matérielle, comme exploita- » tion spirituelle.

» Le catholicisme sera tué par le socialisme...»

Croirait-on qu'après avoir nié Dieu et après avoir annoncé la mort du catholicisme, le même écrivain ait l'audacieuse hypocrisie de dire :

« Les socialistes, *disciples de l'évangile*, veulent réaliser » l'égalité, veulent qu'il n'y ait parmi les hommes ni pre- » mier ni dernier. »

Tout ce que nous ajouterions à des textes aussi clairs ne pourrait que les affaiblir. La preuve est faite. On nie Dieu et on veut anéantir la religion.

CHAPITRE II.

De la dissolution du mariage et de la famille.

Après avoir détrôné et brisé Dieu, il devient plus facile d'attaquer le mariage et de prononcer que son abolition est plus conforme à la nature et à la morale.

Nous ne ferons que les citations nécessaires pour prouver que nous ne calomnions pas... On appréciera notre réserve sur un pareil sujet.

Cette question a amené des schismes entre les maîtres : 1° M. Proudhon ne veut pas de la *femme libre*... 2° M. Pierre Leroux prétend qu'il tient pour la famille; mais il fait de bien larges concessions... Il donne à l'état des droits qui annulent ceux du père;... il veut la femme libre;... il dépouille le mariage de toute sanction indissoluble; il le réduit à *une union* qu'il conseille cependant aux époux de rendre durable... Mais d'autres apôtres sont tombés d'accord sur la maxime suivante :

« Les individus des deux sexes conservent la liberté de » leurs affections particulières; cette liberté est inaliénable.

» Les enfants de chacun seront les enfants de tous. » (Voir les journaux *l'Humanitaire* et *le Communiste*, mars 1849.) Par pudeur, nous ne voulons point imprimer les maximes des Phalanstériens sur ce qu'ils appellent *la liberté des liaisons*. Nous nous bornons à reproduire le témoignage de M. Pierre Leroux, qui ne peut être suspect. (Revue sociale, avril 1847.)

« Que dirai-je de ce que Fourier appelle le bonheur, » l'harmonie? Comment raconter les mœurs du Phalan- » stère?

» Il n'y a dans le Phalanstère ni père, ni mère; le ma- » riage y est inconnu, la mobilité en honneur; toutes les » lois de la nature humaine y sont méprisées. »

Le fondateur de cette secte avait donné la formule que voici :

» Procurer par tous les moyens possible la stérilité des « deux tiers des femmes afin de donner une limite fixe à la « population. »

Et, si, cependant, l'espèce humaine vient à s'accroître, il donne un moyen très-simple de la restreindre au nombre suffisant. — En vérité, je n'ose copier ce que je vois écrit : *l'infanticide.* (Journal *la Phalange.* — Janvier 1849, œuvres inédites de Fourier.)

Il démontre que la société primitive était de deux degrés supérieure à la nôtre, et qu'elle s'est dégradée par la population, la pauvreté et *le mariage.* De la société primitive il passe à la société sauvage, et il n'hésite pas à la mettre également au dessus de la société civilisée.. Ecoutez ces paroles :

» Le sauvage est encore plus heureux que notre populace et notre basse bourgeoisie, *car il jouit du bonheur des animaux ;* liberté, insouciance de l'avenir et de tant d'autres que notre philosophie trompeuse fait entrevoir sans jamais les donner. »

Ainsi ce n'est plus à l'état sauvage qu'on veut nous ramener ; c'est *au bonheur des animaux* qu'on veut nous conduire.

L'écrivain s'appuie sur des exemples ; il cite, entre autres l'île d'Otahiti où les Européens trouvèrent, dit-il, *un vestige de société primitive.*

« La liberté des liaisons était en pleine vigueur à Otahiti ; personne n'y avait le préjugé du mariage ; les mœurs y suivaient la bonne nature. »

Il a omis un autre vestige de société primitive. Les sauvages d'Otahiti se nourrissaient de chair humaine... C'est aussi *le bonheur des animaux.* Que l'exemple est bien choisi !

Enfin un de leurs journaux écrivait en février 1849, il y a juste un an : » j'ai présenté les raisons en faveur de la *polygamie* (pluralité des femmes) ; j'ai prouvé qu'elle est le plus précieux germe d'union familiale. La Polygamie et ces hautes fonctions d'amour, qui sont parmi nous des tisons de discorde, deviennent autant de gages d'harmonie quand on les emploie dans leurs hauts degrés. Je n'ai parlé que de l'utile en fait de polygamie, nous allons traiter de l'agréable.

Je m'arrête, car je suis accablé par l'indignation et le dégout ; mais j'avais promis de vous faire connaître ces nouveaux prédicateurs qui viennent vous apporter le *bonheur* en organisant pour vous *le culte de la volupté.*

Il suffit d'exposer ces maximes devant un homme qui croit en Dieu, pour exciter son horreur. Je pourrais laisser ce sentiment en faire justice et ne rien dire de plus, mais nous avons pris l'engagement de démontrer que nos devoirs sont toujours d'accord avec nos intérêts bien entendus... Je dois donc vous prouver que si l'abolition du mariage et de la famille est impie pour l'homme intellectuel, elle est absurde même pour celui qui ne voit que son utilité, et qu'elle détruit toute sa félicité sur la terre.

Il y a dans le mariage trois intérêts, celui du père, celui de la mère, celui de l'enfant.

Ceux qui veulent nous donner *le bonheur des animaux*, nieront sans doute les affections de l'homme. Je ne peux pas prouver leur existence par l'argumentation, mais j'appelle en témoignage tous ceux qui les ont senties. Fils! qui avez conduit votre père au tombeau. —Mère! qui n'avez pu conserver la vie de votre enfant!... Epoux! qu'une mort cruelle a séparés!... dites si toute votre nature ne s'est pas affaissée sous la douleur.—Eprouvez-vous la même impression, quand vous allez rendre les derniers devoirs à un homme que le respect, la reconnaissance, et tous les sentiments affectueux rapprochaient de vous autant que possible : celui qui a dit que l'homme n'a que des besoins, l'a dégradé... Pour nous qui ne pouvons faire de concessions sur l'existence de Dieu et sur la création, nous disons qu'il nous a donné un cœur pour aimer, comme il nous a donné une intelligence pour comprendre. Ces deux facultés sont aussi évidentes l'une que l'autre. De même que notre intelligence a besoin d'emploi, de même aussi à tout âge une légitime satisfaction est nécessaire à nos affections; autrement nous tombons dans un ennui mortel.—Mettre en doute les affections de la famille, c'est outrager l'espèce humaine.

L'HOMME.

Depuis le lever jusqu'au coucher du soleil l'homme se livre aux plus rudes travaux. Pendant qu'il brave le soleil et la pluie, ne faut-il pas qu'une main soigneuse mette de l'ordre dans sa demeure et prépare ses aliments?... Ne faut-il pas qu'en rentrant de sa journée il trouve un visage riant et un cœur affectionné qui lui fassent oublier ses fatigues?

S'il tombe malade, les soins redoublent... Et quand approche le terme de sa carrière, les souvenirs de cette longue vie commune raniment encore deux cœurs renfermés dans des corps de glace... Quand arrive la fin de la caducité et des infirmités qui inspiraient du dégout à tout le monde ;... quand le centenaire est déposé dans son tombeau, c'est encore sa vieille épouse qui lui donne ses dernières larmes.

L'homme trouve encore dans le mariage une autre source de joies et de consolations... Le sentiment de la paternité est inné chez lui... En effet il éprouve des regrets amers quand il est privé d'enfants... Ne supporte-t-il pas les fatigues les plus dures et jusqu'à l'humiliation en pensant qu'il travaille pour eux ?... Les premiers jeux de l'enfant sont la récréation du père ; il songe qu'en prenant des années son enfant deviendra son meilleur ami, et le compagnon le plus intéressé à ses travaux... Quand la vieillesse et les infirmités viennent s'appesantir sur le père, quelle est la main qui lui apporte sa nourriture ? Quel est le bras qui soutient ses derniers pas ? Le fils rend alors les soins dont son père avait entouré son berceau. Quand je rencontre un mendiant aux cheveux blancs, je me dis toujours : » ce malheureux « n'a pas d'enfants, ou bien ils sont infirmes eux-mêmes, « ou bien encore, ils vivent dans la paresse et l'ivrognerie. »

Mais si la femme ne s'engage avec le mari qu'au mois ou à l'année comme une servante ; si même elle ne s'engage pas du tout, puisque *la liberté des affections particulières est inaliénable*, suivant les socialistes, de quels sentiments le mari sera-t-il animé pendant son travail ? A la certitude de trouver tout en ordre chez lui, succédera l'inquiétude constante d'apprendre que sa femme a déserté sa maison pour suivre un flatteur qui est venu lui promettre un sort plus doux.

Les joies de la paternité sont inconnues pour le mari qui n'a pas confiance et estime profondes pour sa femme. Il est inutile d'insister ici, car personne ne contestera.

LA FEMME.

Les Saint-Simoniens sont les premiers qui se soient armés en France pour arracher la femme à l'esclavage du mariage ; ils avaient pris pour devise : *La femme libre !...*

Messieurs les libérateurs, avant d'accourir à notre secours, veuillez attendre que nous vous appellions : les soins trop empressés sont toujours suspects.

Avant 1789 on avait fait entendre bien des gémissements sur les victimes humaines qui faisaient volontairement des vœux religieux : par pitié pour elles, on abolit les couvents où elles s'étaient enfermées ; à coup sûr parmi les législateurs qui rendirent cette loi, il y avait des sentiments généreux ; mais en 1793, on faisait monter sur l'échafaud les religieuses qui n'avaient pas voulu jouir de la liberté, et qui tenaient toujours à leur règle...

Ah ! Messieurs, que votre liberté nous fait peur !... Quand vous nous l'apportez, nous craignons toujours de perdre la nôtre... De grâce ! laissez-nous la liberté de nous faire esclaves, si c'est notre goût !... Ainsi ont pensé les femmes. Les Saint-Simoniens ont bien conquis quelques prostituées, mais il n'y a pas eu une seule femme qui ait voulu quitter son mari et ses enfants pour suivre leur hideuse licence.

Les femmes ont eu bien raison, même au seul point de vue de leur utilité : en effet l'histoire du genre humain démontre cette vérité : *épouse dévouée, ou esclave*. Il n'y a pas d'autre condition possible pour la femme.

Il y aurait de l'exagération si l'on disait que dans l'ancienne république de Rome, la femme vivait dans un état abject ;... l'éclat de son mari rejaillissait sur elle, et lui donnait toujours une certaine dignité ; mais il n'en est pas moins vrai que le mari pouvait la répudier, qu'il avait le pouvoir de la faire mettre à mort, en un mot, qu'elle était son esclave.

Enfin, J.-C. est venu rendre la femme à la liberté, mais à la vraie liberté, c'est-à-dire à celle qui se règle et se pratique par le devoir... J.-C. seul a fait l'épouse vertueuse.

Tout le monde sait dans quelles chaines Mahomet a enfermé ce sexe tout entier. La femme de tout rang, même la fille des Sultans vit dans une captivité perpétuelle et la plus sévère des captivités...

Mahomet permet à l'homme d'avoir autant de femmes qu'il peut en nourrir, car il leur doit la nourriture toute leur vie ; mais il punit de mort l'infidélité de la femme. Les nouveaux docteurs font tout le contraire ; ils donnent à la femme la licence d'avoir tous les maris qui lui conviendront, et comme elle n'est pas obligée de les nourrir, le nombre pourra en être considérable... Eh! bien! je dis que si ces sectes venaient à triompher de notre société, et à mettre leurs affreux rêves en pratique; les jalousies et les haines ne tarderaient pas à armer les sectaires les uns contre les autres : les apôtres subiraient la loi commune. La guerre serait particulièrement attisée par les querelles et les intrigues des femmes... L'homme avec son droit du plus fort songerait bien vite à dominer la femme... N'oublions pas que le socialisme dit lui-même qu'il ne peut triompher que par la mort du catholicisme... La femme ne pourrait plus se refugier sous son bouclier ; elle ne pourrait non plus invoquer sa vertu... Indigne et souillée, elle serait reduite en esclavage... La femme aurait dans l'occident la même condition que dans l'orient... On va crier à l'éxagération... le retour à l'esclavage est impossible... Mais le retour à l'état sauvage ne nous menace-t-il pas? Et l'état sauvage est antérieur à l'esclavage... Mais pourquoi le retour à l'esclavage est-il impossible à l'égard de la femme? Parce que le christianisme le défend : je défie qu'on me donne une autre garantie pour la femme... Mais cette garantie disparaît avec le christianisme... Et précisément l'exemple dont nous nous occupons est un argument sans réplique... L'évangile n'a-t-il pas régné aux lieux que gouverne aujourd'hui l'alcoran? N'a-t-il pas établi la liberté de la femme à Jérusalem, à Damas, à Constantinople?...

La source du bonheur chez la femme, c'est la pureté... Cette vertu est la gloire de son sexe, comme le courage est la gloire de l'homme... Comparez le sort de la mère de famille, au sort de la femme qui a cédé à la séduction, et est tombée dans l'égarement. Quand sa jeunesse s'est évanouie, que reste-t-il à cette dernière? Les femmes qu'on respecte, évitent son contact; si un homme se déclarait son protecteur, il deviendrait l'objet d'amères railleries;... repoussée de toute part, elle arrive, dans l'isolement, à une vieillesse sans considération. Voyez au contraire avec quel orgueil l'épouse se tient aux côtés de son mari, montrant les enfants qu'elle a nourris de son lait, et formés à la vertu par ses préceptes et surtout par ses exemples... Le respect public l'environne, la paix et la confiance sont dans son cœur.

L'organisation faible et délicate de la femme l'éloigne des

travaux rudes et des combats... Il faut donc qu'elle s'abrite derrière une force qui lui rende en protection ce qu'elle lui prodigue de soins et de tendresse. N'est-ce pas elle qui a surtout intérêt à ce que cette puissante protection lui soit assurée par une chaîne indissoluble ? Si une rivale peut espérer de plaire à son mari et de l'entraîner sur ses pas, que deviendra l'épouse délaissée? Quel pain donnera-t-elle aux enfants qui sont nés de sa fatale union ?..

Et l'amour maternel ! oh ! personne ne le conteste celui-là !... Autrement, il faudrait placer la femme au-dessous des femelles de tous les animaux ; mais il ne fait le bonheur de la mère que lorsqu'elle a ses enfants pour compagnons de tous ses instants.

Celle qui craint d'être surprise quand elle embrasse le fruit de ses égarements, et qui lui défend de s'élancer dans ses bras quand il la rencontre, celle-là ne jouit point du bonheur d'être mère, parce que sa tendresse ne peut s'épancher publiquement : eh bien ! toutes les mères seront dans cette condition quand les enfants seront les enfants de tout le monde : ce ne sera pas par respect pour la pudeur, puisqu'elle sera détruite... Mais s'il était permis à une mère de retrouver son enfant dans le groupe public, il serait l'objet de soins et de préférences qui exciteraient l'envie des autres enfants ; ce serait une atteinte à l'inexorable égalité qui est la divinité du socialisme. Je n'ai pas les secrets de son organisation ; mais la raison me dit que chaque femme fera à tour de rôle le service auprès des enfants ; si, pendant sa faction, la mère reconnaissait celui qu'elle a mis au monde, et ne comprimait pas sa tendresse pour lui, elle manquerait gravement à la discipline et encourrait des peines sévères.

Ainsi le communisme proscrit les douces joies de l'amour maternel.

L'ENFANT.

Il suffit de faire cette question? Est-il dans l'intérêt de l'enfant qu'il soit avoué hautement et élevé par ses père et mère? Cet intérêt est tellement manifeste qu'il suffit de présenter cette question, pour obtenir à l'instant une réponse unanime.

Dans toutes les langues et dans tous les pays, le mot

orphelin n'est-il pas la signification d'un sentiment de pitié?.. Pourquoi tous les peuples civilisés ont-ils institué la tutelle dans leur législation?

N'est-il pas également vrai que rien n'est si indispensable à l'éducation et à la prospérité des enfants que l'accord parfait entre le père et la mère? Ce qui le prouve, c'est que souvent un époux offensé oublie son ressentiment et subit avec patience les ennuis d'un caractère incompatible, parce que l'éclat d'une contestation judiciaire, et les suites d'une séparation porteraient le plus grand préjudice aux enfants...

Mais si le lien entre le père et la mère n'est pas indissoluble; si *la mobilité est en honneur*; si chacun des époux se livre *à la liberté de ses affections particulières*, il est évident que l'accord n'existera pas, et que les intérêts de l'enfant seront sacrifiés...

Chaque ville n'a-t-elle pas un hospice pour les enfants trouvés? Et ici qu'on ne se recrie point contre cette comparaison... Une fois que, de par les lois du communisme, le mariage sera aboli, et que tous les enfants seront élevés en commun, avec le titre *d'enfants de l'état*, je dis que leur condition sera pareille à celle des enfants qu'on élève dans les hospices! Je me trompe! elle sera pire; en effet des filles inspirées par Dieu consacrent leur vie à ces innocentes créatures; mais puisque le socialisme fait une guerre à mort au catholicisme, une fois victorieux, il dispersera les religieuses qui en sont les ministres : supposez donc ces pauvres enfants privés de leurs saintes protectrices, et dites-moi ce qu'ils vont devenir!... Les hommes et les femmes qui leur ont donné la vie passent chaque jour devant la porte de l'hospice... Essaient-ils d'y entrer pour porter des secours à ces infortunés? ou au moins pour manifester leur sollicitude en leur faveur? Quand une chose est à tout le monde, personne ne s'en occupe... Cette multitude qu'on appellera les enfants du pays n'inspirera d'intérêt à personne en particulier.. Nous venons de dire, en parlant de l'amour maternel, que si la mère reconnaissait son enfant pendant sa faction et lui donnait des soins plus attentifs qu'aux autres, elle violerait l'égalité du communisme, et encourrait une peine...

Les enfants qui naissent infirmes et malades excitent particulièrement mon inquiétude... Que deviendraient-ils?.. Après l'abolition du mariage, et la proscription du christianisme, où trouver une âme assez compatissante pour vaincre le dégoût qu'inspire un idiot, par exemple ?

Quand ces enfants seront réputés propriété de l'état, et élevés en commun et dans son intérêt, que fera-t-on de ceux qui ne lui apporteront qu'une charge ?... Ne criez pas à la calomnie !... Je n'accuse pas; je ne cite même pas vos maximes sur l'infanticide... J'adresse une simple question... Je vous apporte le tribut de mes humbles réflexions..

Long-temps avant la venue de J.-C. un peuple du paganisme a vécu près de 1000 ans sous des lois qui ont acquis une grande célébrité; cependant le pays qu'il habitait n'était pas plus étendu que l'un de nos arrondissements.

Licurgue, son législateur, eut pour but principal de former des guerriers; on lui a justement reproché de n'avoir pas respecté la pudeur; cependant il n'abolit pas le mariage par ses lois, au contraire il le conserve; mais il est très-vrai que les enfants étaient élevés en commun, et étaient la propriété de l'état. Voici ce que raconte un grand historien qui est admirateur de Licurgue :

» D'abord Licurgue prétendait que les enfants n'étaient « pas en particulier à leurs pères, mais qu'ils appartenaient « à l'état.

» Un père n'était pas maître d'élever son enfant. Dès « qu'il était né, il le portait dans un lieu appelé *Lesché* où « s'assemblaient les plus anciens de chaque tribu. Ils le « visitaient; et s'il était bien conformé, s'il annonçait de la « vigueur, ils ordonnaient qu'on le nourrît, et lui assignaient « pour son héritage une des neuf mille parts de terre. S'il était « contrefait ou d'une faible complexion, *ils l'envoyaient jeter* « *dans un gouffre* voisin du mont Taygète, et qu'on appe- « lait *les Apothètes*. Ils pensaient qu'étant destiné dès sa « naissance à n'avoir ni force, ni santé, il n'était avantageux « ni pour lui-même, ni pour l'état de le laisser vivre. » (Plutarque, vie de Licurgue.)

La communauté des enfants et leur éducation par l'état n'ont été pratiquées que dans l'île de Crète et à Sparte... Voilà à quelle barbarie cette constitution a entraîné Minos et Licurgue; et cependant la sagesse et les vertus de ces deux législateurs ont été célèbres dans tous les siècles... C'est qu'en effet, quand on part du principe que les enfants sont la propriété de l'état, on sacrifie celui qui ne peut lui être utile. Si l'état ne fait pas jeter dans un gouffre l'enfant d'une faible complexion, du moins il ne le fera pas traiter comme sa santé l'exige; ses préférences seront pour les enfants les plus robustes, comme le cultivateur donne ses meilleurs fourages à ses plus beaux élèves; tandis qu'on a toujours remarqué que dans la famille, les soins les plus tendres sont toujours pour l'enfant maladif, et que les petits frères et les petites sœurs n'en conçoivent pas de jalousie... Sentiment inspiré par la sagesse divine qui veut que le plus de soins aille où il y a le plus de besoins.

Lycurgue prétendait que les enfants n'étaient pas à leurs pères, mais appartenaient à l'état.

A Rome, c'était tout le contraire : le père avait la propriété de son enfant, il pouvait le mettre à mort, et le vendre en esclavage jusqu'à trois fois. Il n'y avait que le troisième affranchissement qui en fit un homme libre. Il y a opposition entre Lycurgue et Romulus : auquel faut-il donner raison ?

Il y a là deux erreurs également grossières que nous renvoyons au paganisme et aux républiques de l'antiquité : mais depuis que l'évangile a rendu à l'homme sa vraie liberté et sa dignité, l'enfant n'est la propriété ni de l'état ni de son père, en ce sens que le mot *propriété* comporte le droit *de disposer à son profit*. L'homme naît libre par la volonté de Dieu, il n'appartient qu'à Dieu — Il ne s'appartient pas à lui-même, car il n'a pas le droit de se tuer; il ne peut jamais devenir la propriété d'un autre homme. Toute maxime contraire ramène à l'esclavage civil. En effet, qu'est-ce que l'état ?... La collection de toutes les volontés et de tous les intérêts... Le collectif ne peut donc avoir plus de droits que l'individu ; car l'individu peut faire tout ce que fait le collectif. On ne comprend pas que l'état puisse être propriétaire d'une chose sur laquelle l'individu ne pourrait jamais obtenir un droit. — Si donc l'état est propriétaire d'un enfant, un membre de cet état peut-être propriétaire d'un homme. On voit ainsi que le droit de l'état sur les enfants, et l'esclavage civil sortent du même principe.

Le père exerce, par l'ordre de Dieu, une autorité de garde et de tutelle sur son enfant, mais dans l'intérêt de l'enfant et non pour son propre profit. L'état ou le gouvernement, car c'est absolument la même chose, n'est point le propriétaire ou le maître du citoyen. Le pouvoir dont il est revêtu est une image de la puissance paternelle ; il ne peut être exercé que dans un sentiment de bienveillance, et pour l'utilité de chaque membre de la nation.

Si l'enfant appartient au père, le père peut transférer son droit à un autre, voilà la vente de l'homme et l'esclavage civil.

Si c'est au contraire l'état qui est propriétaire de l'enfant, il peut se défaire de tout ce qui lui est onéreux : de là le droit de jeter l'enfant dans un gouffre, ou d'extirper une caste ou une race qu'un tyran regardait comme devant être une ennemie perpétuelle de sa puissance.

On voit donc que les apôtres du communisme, en proclamant que l'enfant appartient à l'état, nous font revenir au principe de l'esclavage civil. Je reconnais que rien n'est plus contraire à leur intention... Ils vont à l'inverse de ce qu'ils désirent... Jugez de la pénétration et de la haute sagesse de ces grands réformateurs qui ne veulent rien laisser debout.

Robespierre était tombé dans la même hérésie en imaginant une *patrie* qui est notre *première* mère, et à laquelle *nous nous devons avant notre famille*... Oui ! la terre sur laquelle nous sommes nés existait avant les mères qui nous ont engendrés, mais nous ne sommes pas fils de la terre... Il est vrai que cette *patrie* était toute fantastique et allégorique... C'était une image destinée à enflammer le courage des guerriers... *La patrie* resta dans la poësie et ne passa pas dans le droit. J'aurais voulu poser ces questions à Robespierre lui-même.

Votre mère vient de tomber dans la rivière sous vos yeux ; le courant l'entraîne... Vous allez vous jeter à son secours ; mais on crie qu'il faut courir à la frontière parce que l'ennemi l'envahit ;

Direz-vous : je laisse ma mère se noyer, parce que la patrie étant ma mère avant elle... je dois lui réserver ma vie, et je ne peux la compromettre dans cette rivière : je cours à la frontière ?

Ou bien encore : un étranger à votre famille, mais français de naissance est tombé dans la rivière en même temps que votre mère : lequel irez-vous sauver ?... Direz-vous : ma mère! c'est ma famille ; l'étranger! c'est la patrie ; — puisque la patrie a sur moi des droits plus anciens que ceux de la famille, je dois aller à l'étranger ?

Mais dira-t-on : ce sont des positions forcées : en voici une à l'inverse : vous combattez sur les remparts contre les assiégeants ; — on accourt et on vous dit qu'une bombe a mis le feu à votre maison, et que votre mère va périr dans les flammes, si quelqu'un ne se dévoue pour la sauver...

Ne pensons pas au chef militaire qui vous défendra peut-être de quitter votre poste et auquel vous devez obéir... je vous suppose libre de vos actes... que ferez-vous ? Ce qui est forcé ici, c'est votre maxime. Le terme de patrie a été emprunté aux anciens : *la patrie nom si tendre aux Crétois*, dit un des écrivains les plus antiques. Tous les peuples lui ont rendu leur culte, mais aucun ne lui avait donné la supériorité sur la famille...

O magie des mots ! quand abandonnerons-nous les fantasmagories pour aimer la vérité !...

CONCLUSION.

Si ce que nous avons dit plus haut est conforme à la vérité, il en résulte que tout ce qui tend à affaiblir le lien conjugal, va directement contre les intérêts du père, de la mère et de l'enfant.

Je vois une réunion de trois existences qui par l'affection et l'intérêt n'en forment qu'une seule. Le bonheur commun est dans la sécurité sur la durée de cette union... Ne faut-il pas alors que cette sécurité soit égale pour eux ?

L'enfant sait fort bien que nulle loi sur la terre ne peut faire qu'il cesse d'être le fils de son père et de sa mère... Il est bien tranquille sur la place qu'il occupe dans leur cœur ; il sait qu'elle est inexpugnable ; aussi, il ne craint point qu'un autre vienne leur persuader qu'il doit leur être plus cher que lui... La maison paternelle lui sera toujours ouverte, tant qu'il ne s'en rendra pas indigne... Il ne redoute rien de l'inconstance ni du caprice...

Eh ! bien ! les deux autres membres de la réunion ne pourraient avoir l'un vis-à-vis de l'autre la même sécurité que leur enfant vis-à-vis d'eux !... Quoi ! Le père, revenant à sa maison, pourra la trouver déserte, peut-être même occupée par le séducteur que son épouse y a introduit !... Quoi l'épouse pourra être chassée par l'indigne rivale qui a su plaire à son mari !

Mais il n'y a plus d'égalité entre les père et mère, et leur enfants.

L'enfant est attaché à son père et à sa mère par le lien de la naissance, chaîne formée par la nature et évidemment indissoluble... Arrivé à l'âge du mariage, et instruit par l'expérience, il doit, par ses serments devant Dieu, mais dans le plein exercice de sa libre volonté, contracter avec son époux un engagement semblable à celui qui l'attache à son père et à sa mère... Il est dans son intérêt de chercher les moyens qui le rendent indissoluble.

S'il est démontré que ce lien indissoluble est dans l'intérêt des père et mère, et de l'enfant, il est encore vrai qu'il est conforme à notre cœur... J'adjure ici les sentiments et les souvenirs de tous ceux qui me liront... Quand on a conçu pour quelqu'un l'estime et l'affection qui doivent être la condition du mariage, on ne forme qu'un vœu : c'est de l'attacher à son sort par un lien que rien ne puisse rompre sur la terre, et on demande au ciel de le perpétuer dans l'éternité... Un fiancé a-t-il jamais dit à sa fiancée : « Si l'ennui me prend pendant notre union, » je vous quitterai...? » Et la fiancée lui a-t-elle répondu : « Si un autre m'offre un sort plus agréable ;... je le » suivrai. »

Je dis donc pour dernière conclusion : L'intérêt de l'homme, de la femme et de l'enfant exige que le mariage soit indissoluble : tout ce qui peut le protéger et le resserrer est conforme à leur utilité.

Par une conséquence forcée, tout ce qui tend à l'affaiblir ou à le rompre, est contraire aux intérêts du genre humain :

Donc le communisme qui veut abolir le mariage, est ennemi du genre humain.

Simple et dernière Question.

Je me demande souvent : Comment le communisme sera-t-il mis à exécution? ou autrement : Comment se fera la transition de l'état ancien à l'état nouveau? Car ce n'est pas le tout que de mettre sur le papier un plan d'une grande hardiesse, il faut l'exécuter.

On comprend bien qu'en me faisant cette question, je suppose que les communistes nous ont tous vaincu, qu'ils sont maîtres de la France.

Messieurs les apôtres! vous êtes de profonds génies!... votre œil embrasse tout : il n'est pas possible qu'il en soit autrement, puisque vous avez un si grand succès parmi les hommes... Cependant quand on nie l'existence de Dieu, on me paraît toujours avoir oublié beaucoup de choses... Ne serait-il pas possible aussi, que dans vos plans du socialisme, vous n'eussiez pas pensé à tout; et qu'une fois arrivés à l'édification de votre monument, il ne se présentât des difficultés dont vous n'auriez pas prévu la gravité.

Il y a quelques points que je voudrais bien voir éclaircir :

1° Vous n'avez point dit si l'abolition du mariage et de la famille serait facultative ou obligatoire : je vais m'expliquer plus clairement : 1° Les époux qui se trouveront unis par la loi actuelle au moment de votre triomphe pourront-ils conserver leur mariage et leurs enfants : 2° Ceux qui seront célibataires à cette époque, et qui n'auront pas la *mobilité en honneur* pourront-ils encore former une union constante conformément à leurs convictions?

Vous avez une logique à vous, et vous ne reculez devant aucune de ses conséquences; ainsi, du moment où vous avez reconnu que les lois divines portaient une condamnation inexorable contre vos doctrines, vous avez nié la divinité... : si le ciel ne vous arrête pas, la terre vous arrêtera encore moins, et j'ai raison de dire que vous suivrez vos principes à quelques résultats qu'ils vous conduisent.

Si vous disiez qu'on pourra conserver les mariages et en contracter de nouveaux, vous ne diriez rien du tout. — Est-ce qu'on est obligé de contracter mariage par notre législation actuelle? La licence existait avant vous; vous n'avez fait que l'encourager par vos écrits : elle se cachait autrefois, aujourd'hui elle se montre avec assurance. Voilà tout...

Si vous tolérez le mariage; vous tolérez la famille... Mais si vous permettez aux familles de se maintenir, il peut arriver qu'aucune ne se disperse. Elles s'uniront promptement pour obtenir des institutions qui les conservent... L'esprit de famille animera les guerriers dans la lutte inévitable entre les familles et ces êtres isolés et errants que vous appelez *socialistes*...

En second lieu, si vous conservez une formule de mariage, et si vous permettez de l'employer, on se mariera comme par le passé; peut-être même davantage, par esprit de contradiction :

Mais ceux qui voudront pratiquer *la liberté des affections personnelles* seront bien vos amis; ce sera à eux que vous devrez votre protection... Ils vous diront donc:

« Le mariage est la condamnation et l'humiliation de » nos unions... Les femmes qui se disent *légitimes* s'attri» buent une grande supériorité sur nos *sociétaires* : elles » ne veulent point les regarder comme leurs égales; au » contraire, elles les évitent, comme un homme sans re» proche évite un repris de justice... Est-ce que vous ne » nous auriez donné ce leurre que pour vous attribuer le » pouvoir et les richesses? — Serait-ce encore une ré» volution escamotée? »

Si vous tardiez quelques années à satisfaire vos amis, ils viendraient s'écrier de plus belle :

« Mais voici une bien autre inégalité qui va s'établir » entre les enfants... Les nôtres sont confondus dans le » groupe public, et ne reçoivent aucune marque d'affec» tion de personne... Nous ne savons même pas quels » sont ceux qui sont à nous... Vous voyez que nous » sommes fidèles à la constitution...

» Pendant ce temps-là, les enfants nés en mariage sont » élevés par leurs pères et mères qui les entourent de soins » et de caresses... Nos enfants tombent ainsi dans l'inéga-

» lité... Bien plus, nous sommes certains que tous les pères
» veulent laisser à leurs enfants leurs maisons, leurs meu-
» bles et leurs cultures... Ils vont réunir tous leurs efforts
» vers ce but... Oui, tous les pères et toutes les mères
» sont des aristocrates et des réactionnaires!... Ils cons-
» pirent contre la constitution du communisme... Nous al-
» lons voir reparaître l'infâme propriété et l'infâme capital...
» Vîte une autre révolution! Pour vous, vous êtes tous des
» traîtres! et la preuve,... c'est qu'il y en a parmi vous
» qui sont restés dans les liens du mariage. »

Cette logique serait écrasante pour vous... C'est qu'en effet, dire que le mariage est facultatif, c'est comme si on disait en matière de finances : « Paiera des contribu- » tions qui voudra. » Vous avez trop de génie pour commettre des contradictions si grossières... Votre constitution tomberait dans la puérilité et la dérision... La dissolution radicale du mariage sera donc obligatoire pour tous.

2° Voici une autre question plus délicate :

La *liaison* entre les sexes sera-t-elle obligatoire?

Vous établissez clairement la licence... Mais je serais coupable de calomnie, si je vous prêtais quelque chose de plus; et je reconnais que je n'ai vu dans vos écrits aucune menace de violence contre celui ou celle qui veut suivre ses inspirations particulières... Ici, votre profonde prudence ne serait-elle pas en défaut? Avez-vous bien prévu toutes les difficultés?

Il est probable que votre loi sera adoptée par un grand nombre d'hommes;... mais il n'en sera pas de même des jeunes filles... Je ne doute pas que l'immense majorité ne repousse avec mépris et même avec indignation toute union qui ne sera pas un mariage juré devant Dieu.

Vos devanciers ont vivement ému l'opinion en faisant la peinture des victimes que l'avarice et l'ambition des familles immolaient par le cloître et par le mariage. Le reproche n'était pas dénué de toute vérité; mais il était fait par des hommes qui exécraient également les filles et leurs familles; et, en effet, ils n'ont pas tardé à répandre sur l'échafaud le sang de celles qu'ils disaient avoir délivrées... Ce n'était qu'un expédient de charlatanisme pour exciter une nation dont les sentiments sont vifs et généreux... Une fois le résultat obtenu, on pouvait abandonner l'expédient... Quoi qu'il en soit, toutes les lois rendues depuis cette époque ont affecté une grande protection pour la jeune fille... On la défend contre l'union que son cœur désavouerait, et au contraire on lui donne le moyen de contracter celle que ses parents repoussent. Cette liberté de la jeune fille est ratifiée par l'opinion publique; il est bien difficile de la lui ravir.

Je sais bien qu'à un autre point de vue, le refus des jeunes filles se concilierait merveilleusement avec le beau système du grand-maître Fourier, qui, au témoignage de M. Pierre Leroux, veut procurer par tous les moyens possibles *la stérilité des deux tiers des femmes*, et indique *l'infanticide* comme un moyen fort simple et fort innocent *de restreindre la population* et *de conserver le mécanisme des séries.* Voici encore un autre résultat bien heureux pour vous... Vous obtiendriez avec un peu de temps l'extinction de toutes les familles qui ont vos théories en horreur.

Je trouverais donc que la liberté de la fille pourrait vous convenir : entendons-nous sur cette *liberté*; elle veut dire interdiction du mariage actuel, mais avec faculté de ne pas accepter votre *nouvelle liaison!*... Ce sont toujours là les libertés que vous nous apportez quand vous venez nous arracher à l'esclavage!

Mais passons... Je dis donc que vous consentiriez volontiers à laisser à la jeune fille son indépendance; mais voici un abîme qui s'ouvre devant vous.

Il ne manquera pas d'hommes qui accepteront votre loi : d'abord, tous ceux qui auront combattu sous votre rouge drapeau et derrière vos barricades... et d'autres encore!... C'est une triste vérité... Mais pour mille hommes, il y aura peut-être une femme... et quelle femme?... Elle a déjà vieilli dans la prostitution!... Vos frères iront donc vers vous et vous diront :

« Nous avons donné notre vie entière pour vous faire
» triompher... Vous nous aviez promis la polygamie;... la
» femme est réfractaire et aristocrate..... Elle nous dé-
» daigne... Hâtez-vous de la soumettre au niveau égali-
» taire. »

C'est votre logique qu'ils parlent... Elle est pour vous sans réplique... Quand on roule sur une pente rapide, on ne peut plus s'arrêter au milieu, encore moins remonter au haut... Allez au torrent qui vous entraîne.

Votre infâme *liaison* sera donc obligatoire pour la jeune fille. Vous rendrez une loi interprétative de la constitution; mais les filles et les femmes n'exécuteront pas votre interprétation plus que votre constitution. Alors à quels moyens aurez-vous recours?

Romulus satisfit jadis à une pareille demande par l'enlèvement des Sabines... Mais il dit à ces filles éplorées : « Je vous donne pour époux de braves guerriers qui vous » seront fidèles jusqu'à la mort. » Pour vous, vous ne pourrez que dire : « Les compagnons que je vous présente » peuvent vous quitter demain; mais vous avez la même » faculté. »

Les Sabines suivaient le culte de Vénus... Nos filles adorent Jésus-Christ. La situation est bien différente... De nos jours, la violence ne trouverait peut-être pas la résignation qu'on finit par obtenir des Sabines... La destruction de la famille n'est pas encore consommée... Les filles ont encore des pères et des frères... Et tel frère qui, par jeunesse et légèreté, accepterait votre loi pour son propre compte, sentirait tous les sentiments de fraternité et d'honneur se soulever devant l'humiliation qu'on voudrait faire subir à sa sœur... Beaucoup d'étrangers même qui se laisseraient entraîner par le libertinage, reculeraient devant des actes de violence...; et ensuite la violence ne pourrait durer toujours; la captive prendrait la fuite.

Ce moyen pourrait bien manquer de succès... Il n'y faut pas songer.

Nous sommes fatalement conduits aux lois pénales.... D'ailleurs il est de maxime qu'il n'y a point de loi sans sanction... et la sanction est toujours la peine contre celui qui contrevient à la loi.

Dans quel ordre choisirez-vous vos peines?

1° Sera-ce l'amende? mais nous verrons plus tard, disons mieux, nous savons déjà que, sous le règne du socialisme, personne ne possèdera; tout le monde sera pauvre... Avec quoi payer l'amende? D'ailleurs l'amende n'est pas une contrainte personnelle; on peut la payer, et continuer à désobéir...

2° Sera-ce la prison? mais où en trouverez-vous d'assez nombreuses et d'assez vastes pour contenir toutes les délinquantes? vous ne pourrez pas non plus les laisser mourir de faim... Comment pourvoir à leur nourriture? Nous exposerons plus tard la pénurie dans laquelle vos caisses publiques tomberont infailliblement.. Dailleurs quel est le résultat de la détention? Vous retiendrez la jeune fille jusqu'à ce qu'elle ne cède... Mais celle qui croit en Dieu aimera mieux passer sa vie en prison que de se soumettre à vos infames déréglements... Chez d'autres, l'amour-propre et la fierté suppléeront au courage que donnent la foi et l'espérance... La prison serait donc impossible et illusoire.

3° Il ne vous reste réellement que les supplices de la Terreur... Oh, nous avons connu leur puissance! notre Bretagne a vu Carrier; la Loire ne pourrait nommer les victimes des deux sexes qu'elle a englouties!... Ce sont là vos seules ressources; aussi vous déifiez Marat et Robespierre... L'odieuse peinture de l'instrument du supplice orne vos fêtes et vos clubs... Vous avez vu que dans des villes prises d'assaut, les femmes avaient fléchi devant l'image de la mort... Mais veuillez remarquer qu'une armée représentant la force d'un peuple entier était dirigée contre une seule ville... Ici vous serez obligé de disséminer vos forces, car vous aurez un assaut à donner à chaque hameau de la France. Pour faire la guerre aux femmes, il vous faudra des armées innombrables... Etes-vous certains de les trouver?

Ce ne sera pas contre les femmes seulement que vous releverez l'échafaud : puisque l'égalité radicale est le but, il serait illogique de laisser un seul individu dans une condition différente des autres : ce serait un retour aux privilèges, dès la naissance de la jeune république sociale : il serait mortel pour le nouveau-né. Chacun adaptera donc sa condition à celle des autres, sous peine de mort. — Egalité ou la mort!

Voici un ordre du jour que je vois affiché dans l'enceinte qui porte sur son frontispice. — *Liberté, fraternité!*

1° Projet de loi contre ceux qui contracteraient le ci-devant mariage, contre tout officier public qui rapporterait un acte pouvant en conserver une formule quelconque.

2° Projet de loi contre les femmes ou filles qui se mettraient en révolte contre la loi en refusant d'accepter *la liaison* qui leur sera désignée par l'autorité révolutionnaire de leur résidence.

3° Projet de loi contre ceux qui restant dans les liens d'un mariage précédemment contracté, voudraient retenir leurs enfants.

Comme toutes ces lois sont la conséquence forcée des principes que vous avez proclamés, et que sans elles la république sociale avorterait, elles seront votées par acclamation.

La difficulté n'est pas dans le vote, elle est dans l'exécution :

1° Je ne nie pas que l'interdiction du mariage sous peine de mort ne fût observée : en 1793, on avait réussi, par ce moyen, à proscrire la pratique du culte religieux. Vous pourrez obtenir encore le même succès.

2° J'ai déjà parlé de la contrainte contre la jeune fille... Elle irait d'abord se cacher au fond des forêts et partout où elle pourrait : une fois arrêtée par vos sicaires, elle trouvera souvent des défenseurs.

3° Vous sommerez les époux de se séparer et les enfants aussi... Il est probable que dans la plus grande partie de la France, il n'y aura que très peu de familles qui se soumettront à cette sommation. Alors, il faudra que ceux qui auront exécuté votre loi conduisent devant vos juges ceux qui y résisteront. C'est-ici que les grandes difficultés commencent...

Quand vous fouillerez dans le berceau pour enlever l'enfant, et le porter aux commissaires de la paternité publique, ne croyez pas que sa mère vous l'abandonne sans réclamation... Quelle énergie! quelle éloquence dans sa résistance!... A Venise, un lion s'était emparé d'un enfant et allait le dévorer... devant les cris et les gestes de la mère, l'animal resta stupéfait et lâcha sa proie. — Sicaires du communisme! vous avez prouvé par les assassinats de l'archevêque de Paris et du général de Bréa que vous étiez sans pitié... Je veux bien que les larmes des mères n'ébranlent point la dureté de vos cœurs... Mais d'autres entendront leurs cris... Si le courage des gens de bien est endormi, ne vous y trompez pas! il n'est pas éteint... Oui! ce sera aux cris des mères que le courage des enfants se réveillera. Notre histoire nous apprend que la valeur française a dispersé des barbares bien plus redoutables que vous... L'affreux cortège de vos bourreaux, de vos sicaires et de vos juges recevra enfin le juste châtiment de ses crimes.

Vous pouvez triompher dans une émeute à Paris... à force de ruses et de fourberies, vous pouvez faire assez de dupes parmi les électeurs pour obtenir une majorité dans l'assemblée... mais jamais vous ne pourrez mettre vos infâmes programmes à exécution... La nation sera détrompée, et le sol de la France vous repoussera avec horreur.

Cultivateurs et ouvriers, au revoir! Dans notre premier entretien, nous nous occuperons de la *propriété :* je veux vous démontrer qu'il y a autant de crime et de stupidité à supprimer *la propriété* qu'à abolir le mariage et la famille.

Rennes, imprimerie de J.-M. VATAR.

www.ingramcontent.com/pod-product-compliance
Ingram Content Group UK Ltd.
Pitfield, Milton Keynes, MK11 3LW, UK
UKHW012117240726
13965UKWH00005B/1817